Kaynakça: Jones, A.M., and Ellis, J. (2012). My Life As A Plant. Rockville, Md.: American Society of Plant Biologists.

Yazişma adresi: ASPB, 15501 Monona Drive, Rockville MD 20855 USA. www.aspb.org.

Library of Congress Cataloging-in-Publication Data
LC control no.: 2012939279
LCCN permalink: http://lccn.loc.gov/2012939279
Materyal Türü: Kitap (Baskı, mikroform, Elektronik, vs.)
Kişisel isim: Jones, Alan.
Ana Başlık: My life as a plant / Alan Jones, Jane Ellis.
Basım: 1. Baskı
Yayın / Dağıtım: Rockville, MD: American Society of Plant Biologists, 2012.
Açıklama: p. cm.
Öngörülen yayın tarih: 1206
ISBN: 978-0-943088-83-9

2015 Turkish Translation by: Dr. Gokhan Hacisalihoglu and Arzu Hacisalihoglu

Amerika Birleşik Devletleri'nde basılmıştır
İlk izlenim, Haziran 2012, Minuteman Press, Inc.

Bir Bitki Olarak Hayatım

KREDİLER

TASARIM EKİBİ: Jordan Humphrey, Emily O'Mara, ve Cathy Jones

SANAT EKİBİ: Sarah Park, Jacob King, Jeremy Bass, Connor Miranda, ve Susan Whitfield

KONSEPT: Dr. Alan M. Jones ve Dr. Jane Ellis
The University of North Carolina at Chapel Hill

"Merhaba! Benim adım Ayçiçeği Sally! Benim köklerim toprak ALTINDA kalır ve benim yapraklarım ve gövdem toprak ÜSTÜNDE güneşe doğru ulaşır."

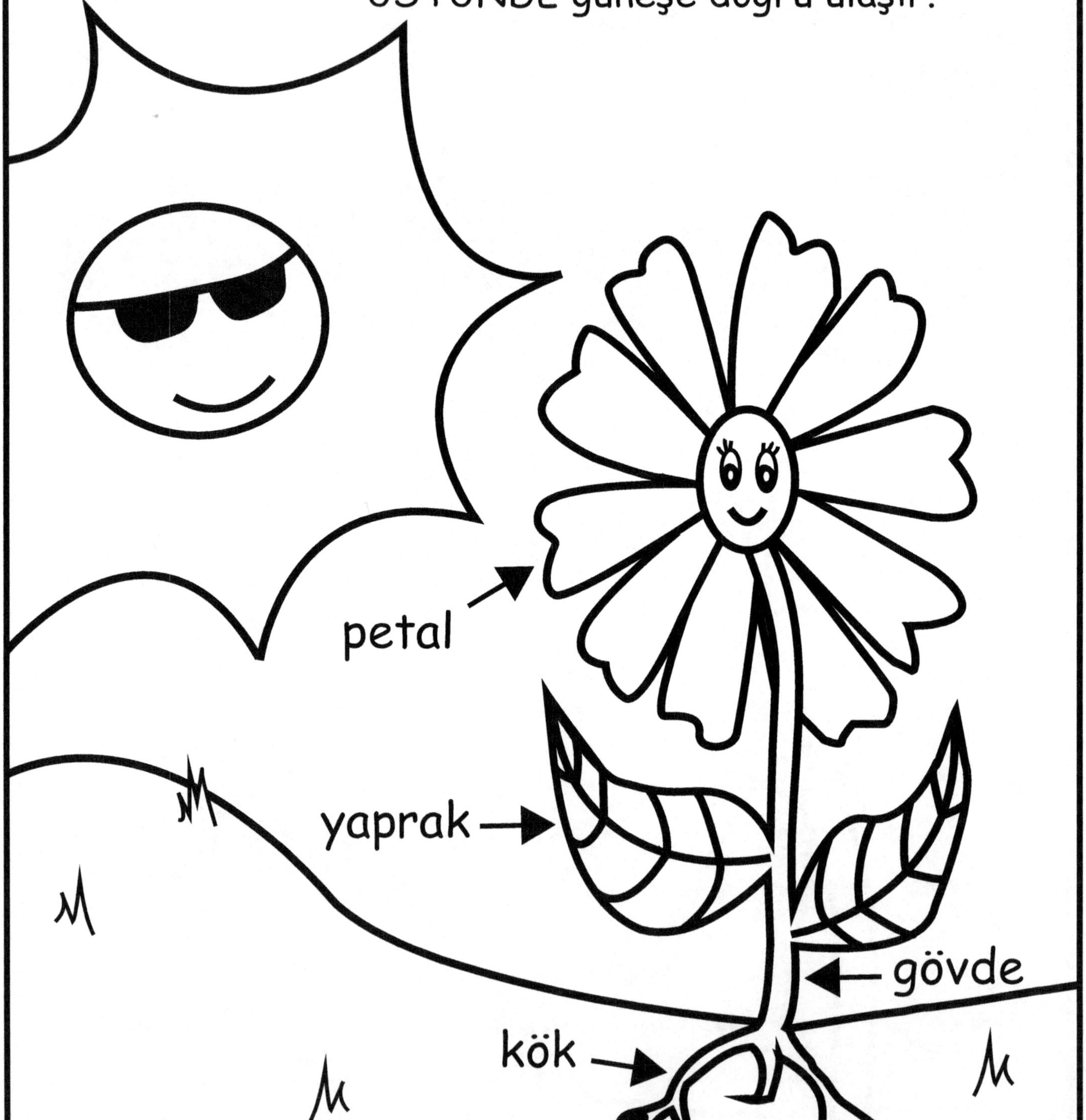

Bitkiler tohumlardan güneşe doğru büyürler. Fidenin güneşe doğru giden yolunu bulmasına yardım et.

"Büyümek için gıdaya ihtiyacım var,
aynen SENİN gibi!"

"Ama ben, hava (CO_2)
ve su (H_2O) ile gıda yapmak
için güneşten gelen
enerjiyi kullanırım."

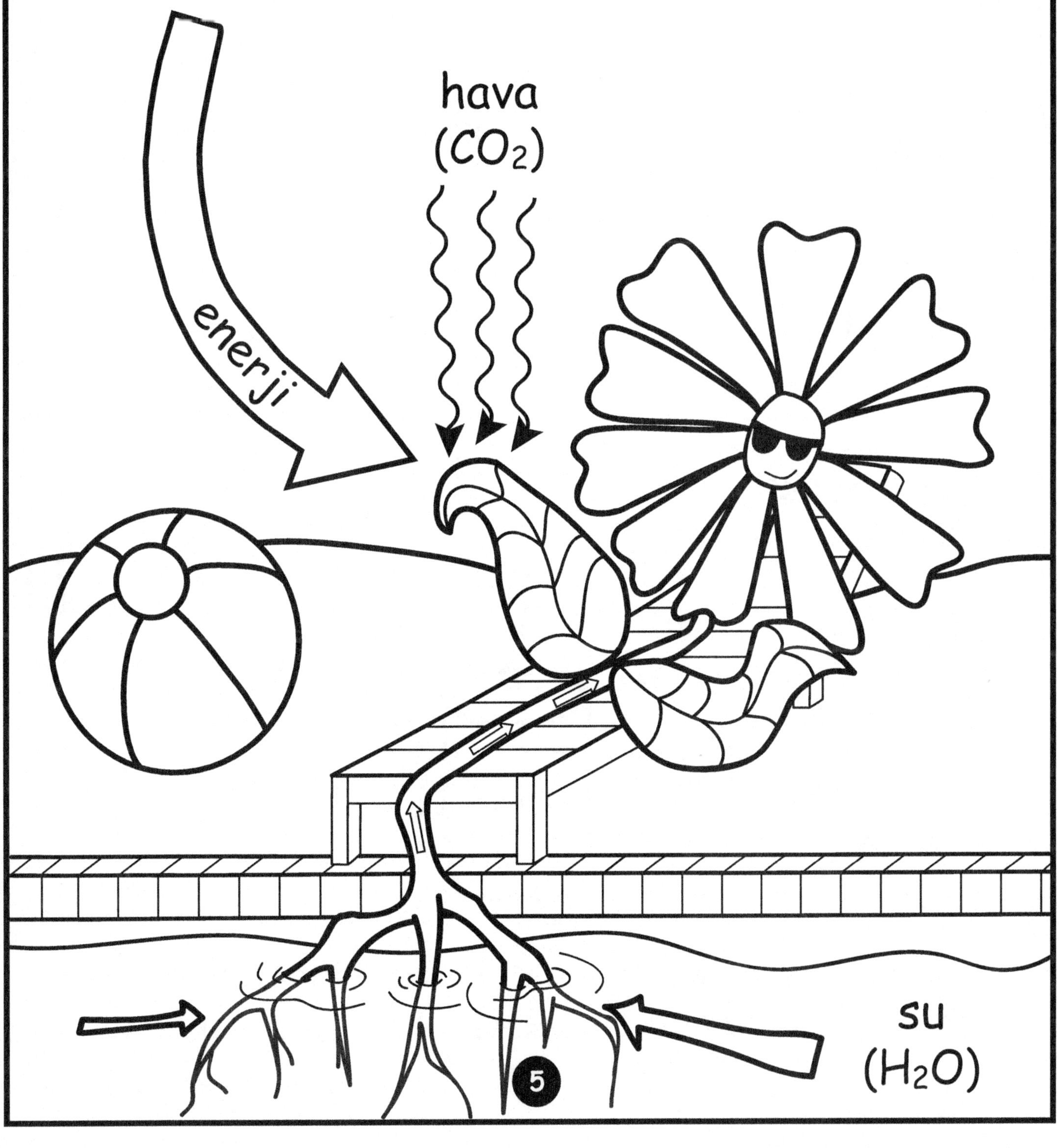

"İkimizin de gıdaya ihtiyacı var, ama gıdalarımızı farklı şekillerde hazırlarız. Haydi yemek tariflerini karşılaştıralım."

Sally'nin Gıdası

Fotosentez:

- güneş
- Karbon dioksit (CO_2)
- klorofil
- Su (H_2O)
- mineraller

Şeker ve oksijen elde etmek için iyice karıştırın.

İnsanlarin Gıdası

Pişmemiş Fıstık Ezmesi Kurabiyeleri:

- Kırıklanmış 8 graham kraker karesi
- 1/4 su bardağı kuru üzüm
- 1/4 su bardağı fıstık ezmesi
- 2 yemek kaşığı bal
- 4 yemek kaşığı şekersiz hindistan cevizi

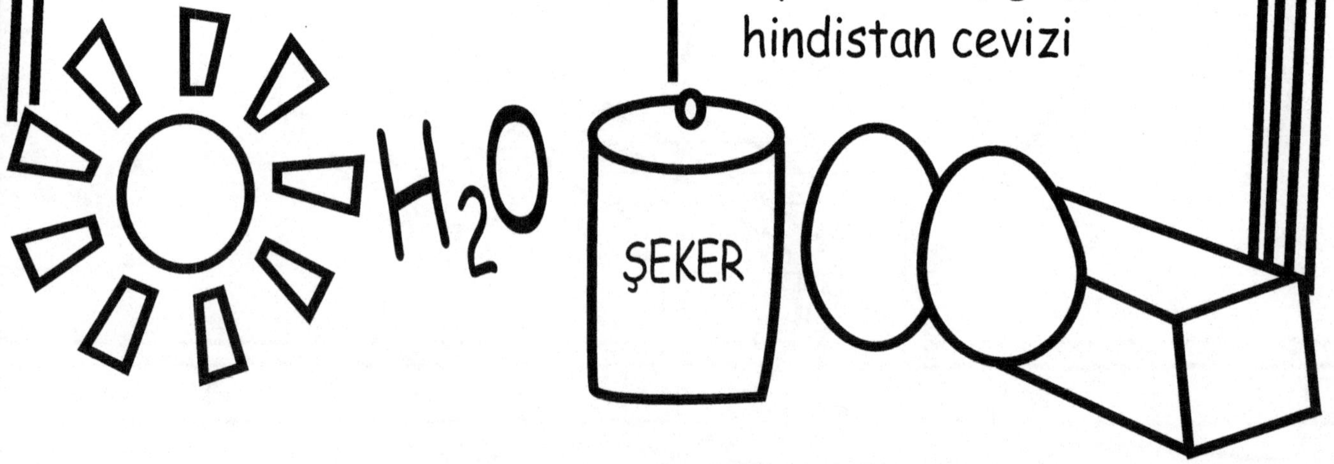

"Mmm ... nefis görünüyor. Haydi yemek yapmaya dönelim! Her zaman bir yetişkinden yardım isteyin."

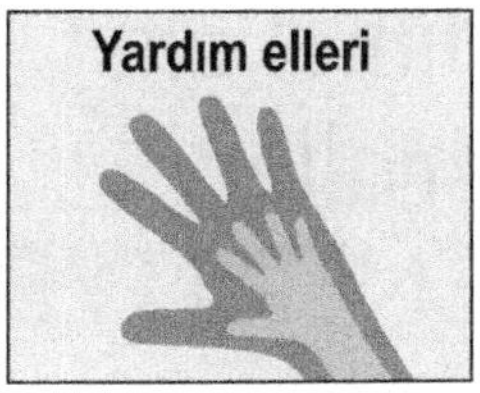

Pişmemiş Fıstık Ezmesi Kurabiyeleri

Bir yetişkinden yardım isteyin.

Birleştirin:

graham kraker kırıntıları,

kuru üzüm, 

fıstık ezmesi, 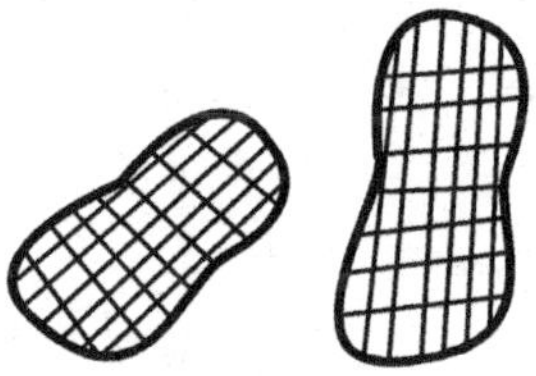

ve küçük bir kase içinde bal.

Bir kaşıkla karıştırın.

8 tane kurabiye kalıbı içine koyun,
ve hindistan cevizine hafifçe bastırın.

Katılaşana kadar soğutun.

Bu kurabiyelerin içindeki her şeyin bitkilerden geldiğini biliyor muydunuz?

"Güneş ihtiyacım olan gıdayı yapmama yardımcı olur. Ayrıca, oksijen (O_2), su (H_2O) ve minerallere ihtiyaçım vardır. Bunlar benim gıdalarımı ENERJİYE çevirmeme yardım ederler!"

Bitkiler ihtiyacımız
olan havanın yapılmasına
yardımcı olur.

"Senin kemiklerin var. Benim hücre duvarlarım var. Biz büyüdükçe onlar bizi güçlü tutarlar."

Tüm hücre duvarlarını (D) kahveregiye boya.
Tüm hücreleri (H) sarıya boya.
Sally'nin hücre duvarlarının noktalarını birleştirin.

Bütün yeşile boya. Onlara "kloroplast" denir.
Onlar Sally'ye onun yeşil rengini verirler.

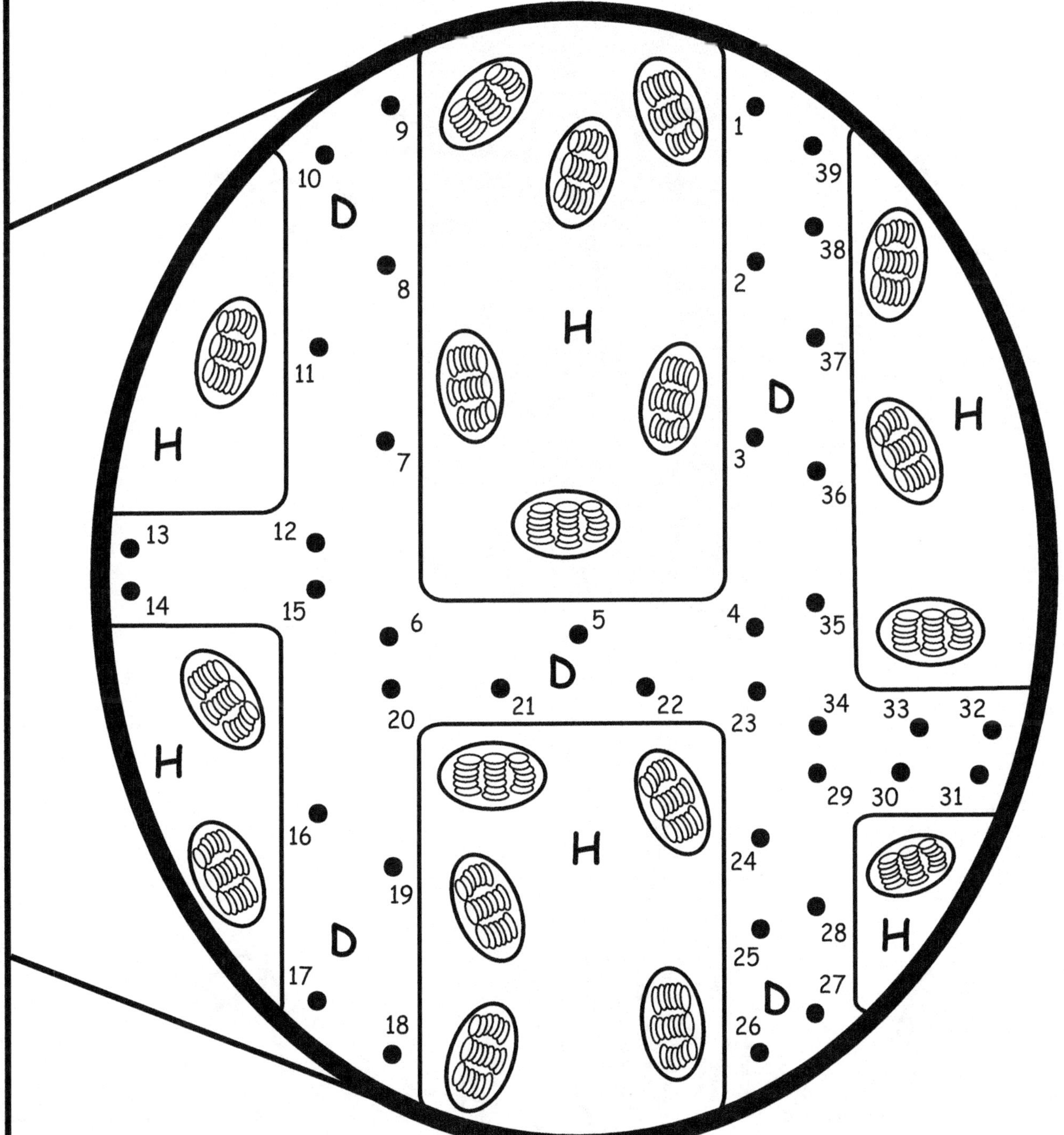

Sarı hücreleri say ______

Yeşil say ______

"Sen böcek spreyini parka getirirsin.
Ben sprey olmadan böcekleri püskürtebilirim!"

Bitkiler acı cekebilirler, tıpkı senin gibi.
Bitkiler yeni aksamlar büyütür. İnsanlar yapmaz.
Aşağıdaki kürekle kesilmiş çiçeğe yeni kökler çizin.
Çiçekler de solgun görünüyorlar.
Ordayken, niçin onlara biraz renk vermiyorsun?

"Benim kim olduğunu göstermek için noktaları birleştirin!
Beni boyayın."

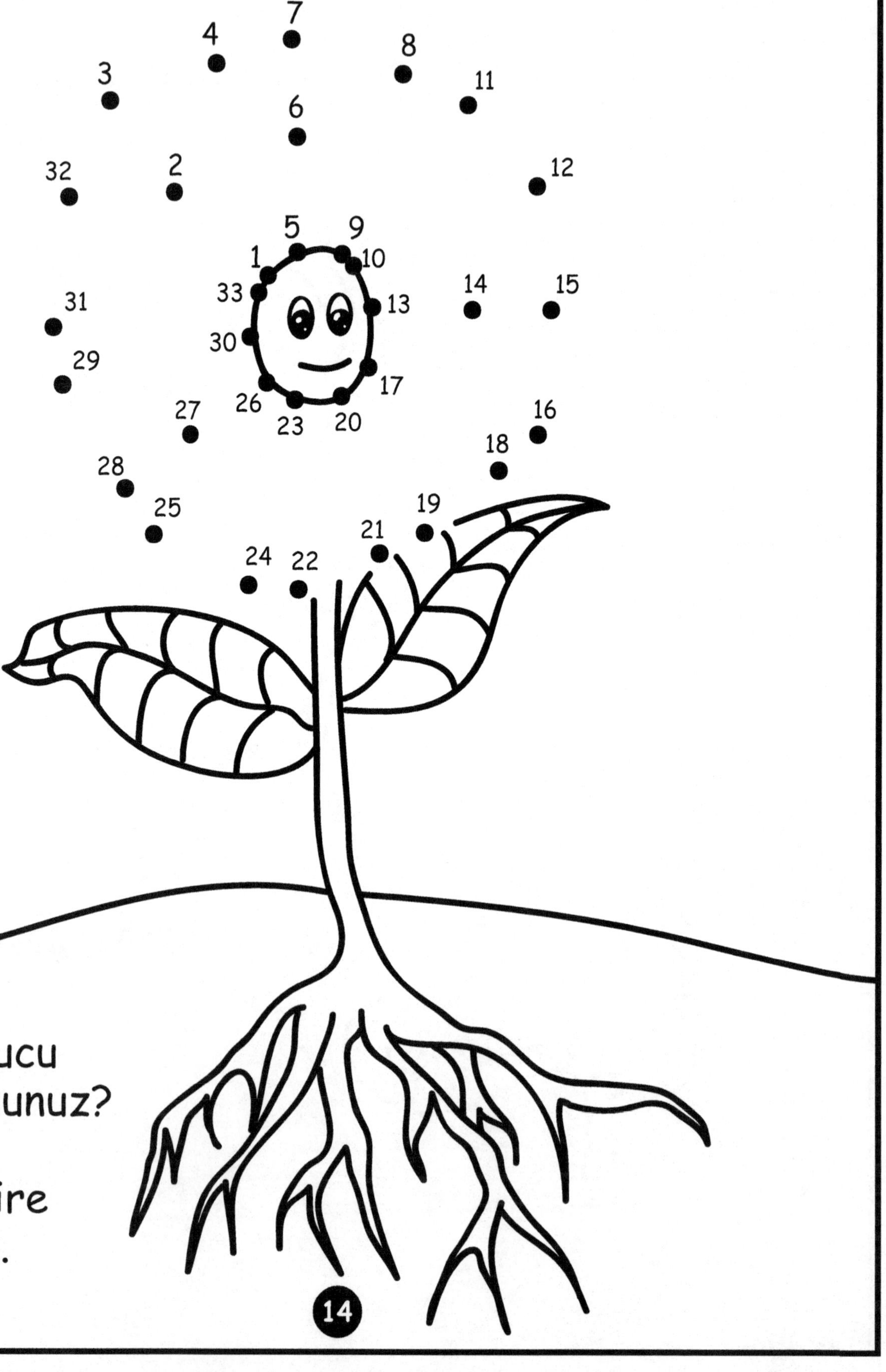

Kaç kök ucu
görüyorsunuz?

Birini daire
içine alın.

Bitki aksanlarını bulabilir misiniz?

Sally'nin aşagidaki aksanlarını çizgi ile eşleştirin...

1. Petaller

2. Tohumlar

3. Gövde

4. Kökler

Bu Sally'nin aile albümü.
"Ben çok eski bir aileden büyüdüm.
Ailem geçen yıllar boyunca çok değişti.
Bugün beni ben yapan budur!"

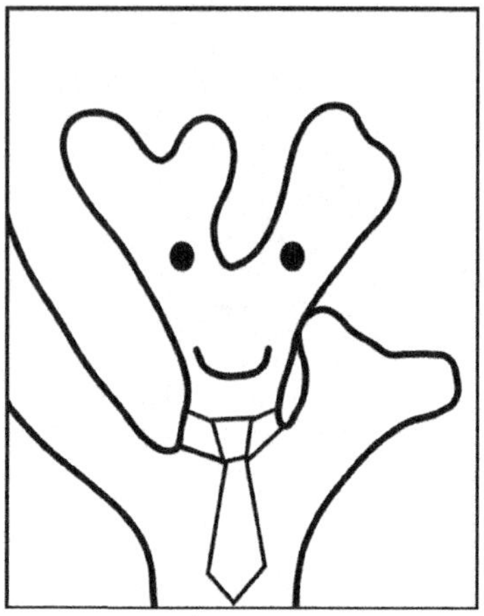
BÜYÜK DEDE
YOSUN

BÜYÜK BABA
KARAYOSUNU

BEN!

"Şimdi sen senin ailenden bahset!
Sen de senin aile albümünü
çizebilir misin?"

ANNE

BABA

Gözlerin
daha çok
anneninkilere
mi yoksa
babanınkilere
mi benziyor?

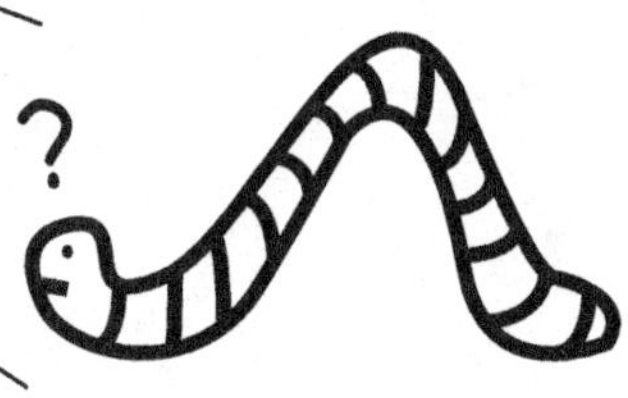

buraya adınızı yazın

"Benim arkadaşlarım türlü şekil
ve boyutlardadır."

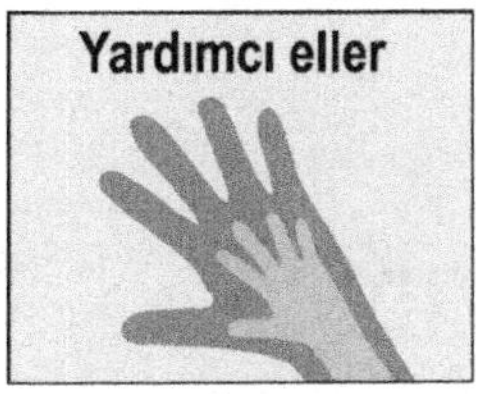

Çık keşfet!
Gördüğünü çiz ve boya!

Farklı şekil ve boyutlarda yapraklar bul.

Birlikte yaşayan bitki ve hayvanlar bul.

"Merhaba! Ben Köknar Douglas.
Ben dağlarda yaşarım.
İnce yapraklarımı bütün yılboyu tutarım.
Bebek köknarlar kozalakların içindeki
tohumlardan büyürler."

"Douglas'ın yanında kaç tane bebek köknar
büyüyebilir merak ediyorum?"

"Merhaba! Ben Eğrelti otu Fran.
Ben ağaçların altındaki gölgeli alanlarda yaşarım."

"Merhaba! Ben Kaktüs Charlie.
Ben sıcak ve kuru çölde yaşarım."

Bitkiyi yaşadığı yerle eşleştirebilir misin?

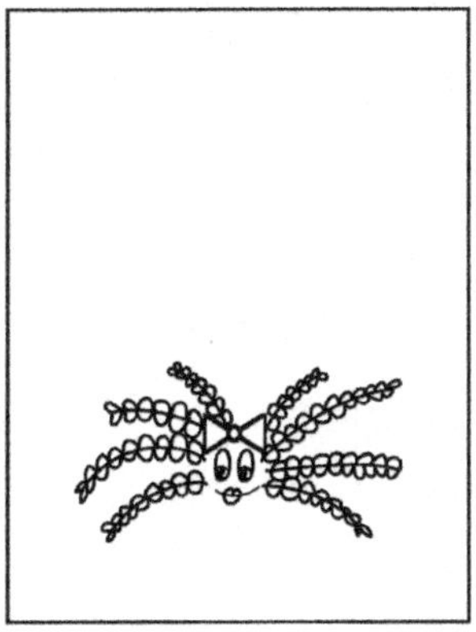

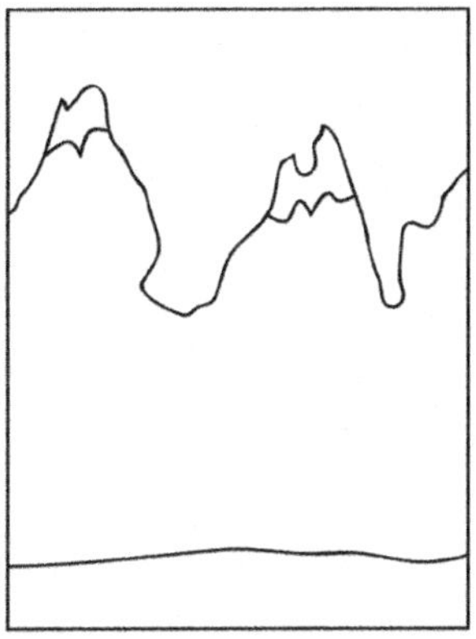

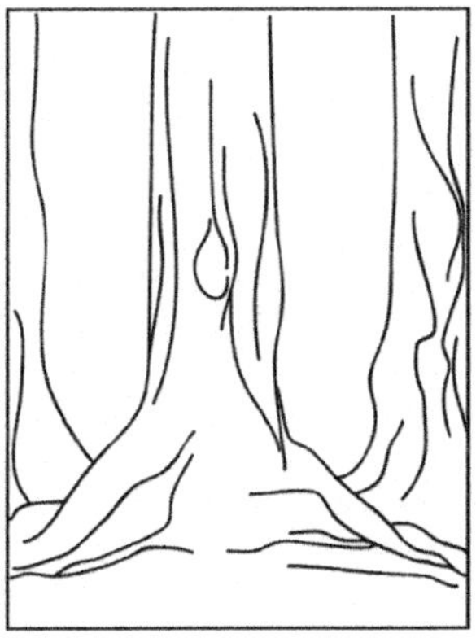

SİZİ çizin

SİZİN nerde
yaşadığınızı çizin

"Bütün bu büyüme ve oyun oynama beni susattı!
Ben en iyisi biraz su (H_2O) içeyim ve
derin nefes alayım!"

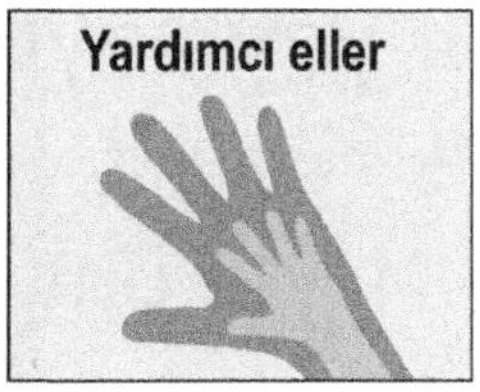

Bitki Sıhhi Tesisatçılığı

Neye ihtiyacın var:

- 1 kupa (devrilmeyecek ağır bardak)
- 1 kereviz sapı
- Gıda boyası

1. Kupayı yarıya kadar su ile doldurun.
2. 4 damla gıda boyası ekleyin ve karıştırın.
3. Kereviz sapının bir ucunu kesin.
4. Kereviz sapını suya koyun. Kesik ucu aşağıya koyun.
5. Kerevize ne olacak? Tahmininizi çizin.
6. Ne olacak bakalım. Her 6 saatte kontrol edin.
7. Şimdi ne görüyorsun? Bunu çizin.
8. Sapı kesip açın. İçinde neler var? Bunu çizin.

Uzun gövdeleri olan diğer bitkiler ile bunu tekrarlayın. Aynı olan nedir? Aynı olmayan nedir?

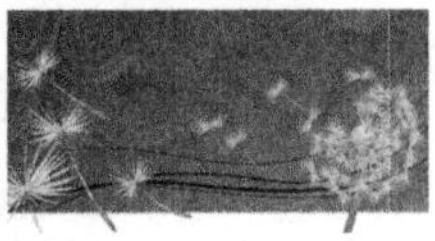

"Arkadaşım Arı Betty benim polenimi yaymaya yardımcı olur. O sıkı çalışır! Tatlı nektarımı Betty ile paylaşmak istiyorum."

Giderken polen toplayarak,
arı Betty'yi kovana yönlendir!

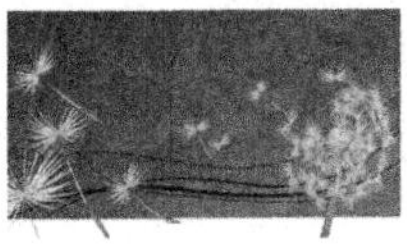

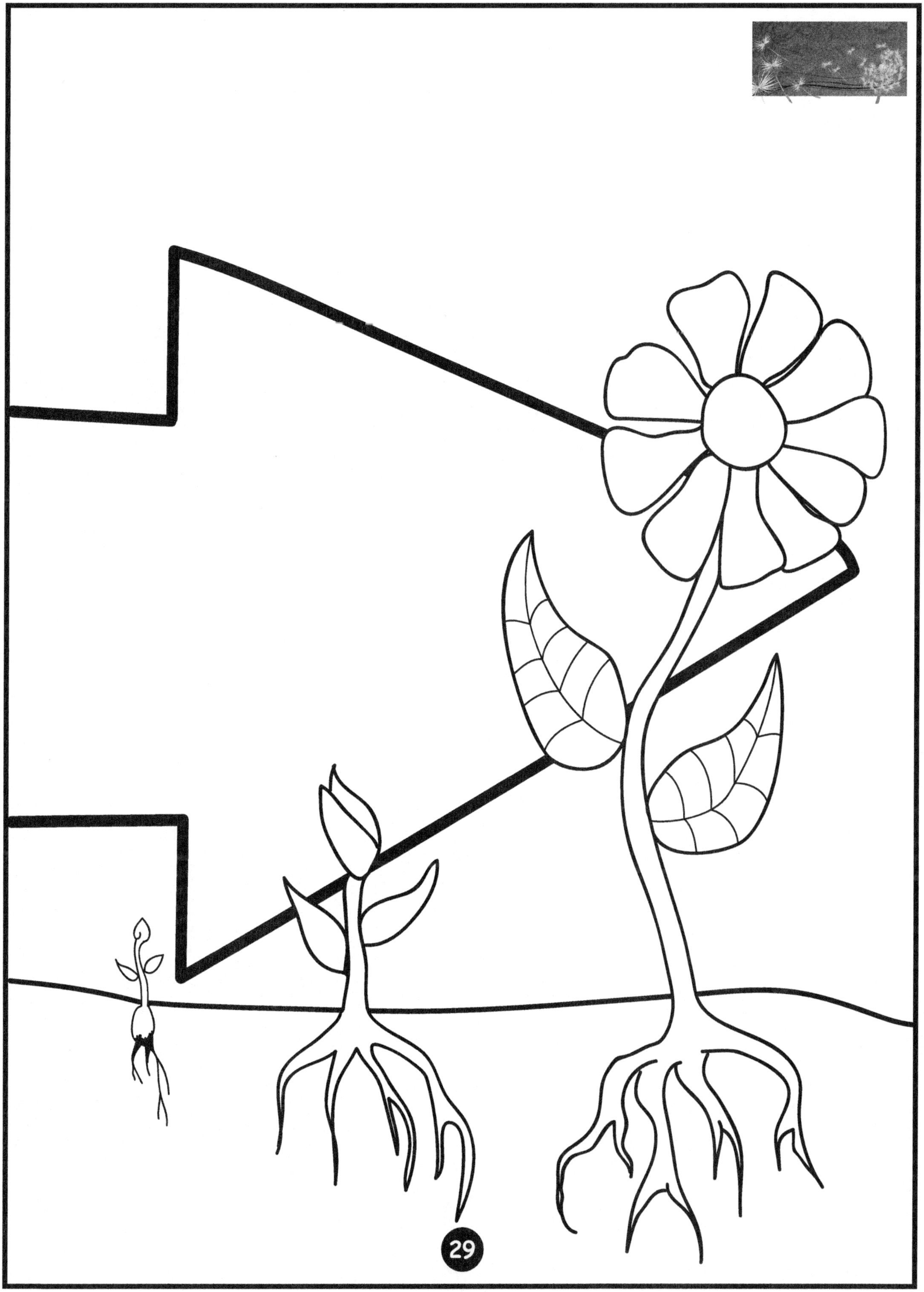

Sonbahar Yaprakları

Sonbaharda, bazı ağaçların yaprakları yeşil klorofil kullanmayı durdurur. Yeşil renk kaybolur. Yaprakları sonbahar renklerine boya.

Bitkilerden her türlü şeyler yapılır.

Bitkilerden yapılan öğeleri daire içine alın.

Bitkilerle Boyama Etkinliği

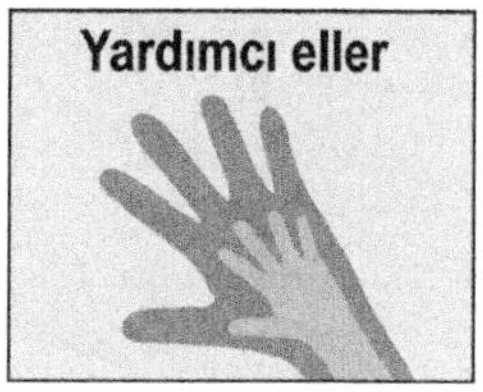

Neye ihtiyacın var:

- Çeşitli renklerde sebze, meyve, çiçek ve baharatlar, maviyemişler (taze veya dondurulmuş), havuç, kahve (nescafe daha iyi olur), hazırlanmış hardal, Yeşillikler (koyu renkli marul, ıspanak), köri tozu ve denemek istediğin diğerleri
- Küçük kaplar
- Boyama için fırçalar veya pamuklu çubuklar
- Su
- Tercihe göre: limon suyu ve karbonat

Tarif:
Farklı küçük kapların içine, daha önceden öğütülmüş ya da sıvı bitki malzemesini küçük miktarlarda ekleyin ve çok az miktarda su ilave edin. Boyamak için kullanılabilecek yoğun bir sıvı oluşturana kadar karıştırın. Bazı örneklerin biraz su eklenerek doğranmış, öğütülmüş, veya küçük parçalar halinde ezilmiş olması gerekecektir. Bunlara örnek yaban mersini, havuç, kırmızı biber, marul ve ıspanak sayılabilir. Ezildikten sonra, sıvı kağıt kahve filtresi kullanılarak filtre edilebilir. Koyu renk marul yaprağını boyanacak yerin üstüne koyup, üstunden demir para ile sürterek güzel bir yeşil renk yapmak için kullanılabilir. Yeşil renk kağıda aktarılır. Mavi yemiş ve mor renkli birçok meyveler, sebzeler, çiçekler asidik ya da bazik koşullarda renk değiştirir. Eğer mavi yemiş sıvısına küçük miktarda sirke eklerseniz, renk pembeye dönecektir. Mavi yemiş sıvısına biraz suyla karışık karbonat eklediğinizde, renk güzel mora dönecektir. Ayrıca bunları bez, elyaf ve haşlanmış yumurta gibi şeyleri "boyama" için kullanabilirsiniz.

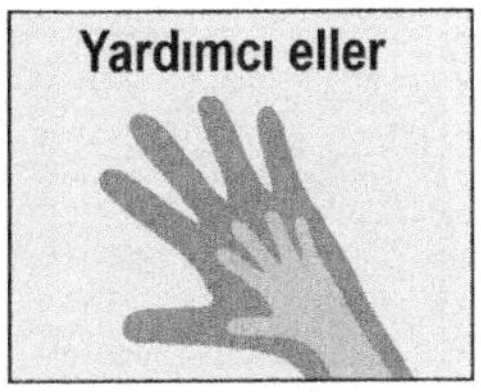

Daha fazla Etkinlikler!

Sebzelerinizi besleyin!

Neye ihtiyacın var:
- 1 paket fasulye tohumu
- Tohum ekimi için 2 küçük bardak
- Kum
- Su
- Bitki gübresi

Yaklaşık 6 tohumu gece boyunca suda bekletin. 2 tane su bardağını biraraya getirin ve herbirisini nemli kum ile doldurun. Her bardağa kum yüzeyinin hemen altına 3 tohum koyun. Bardakları penecere kenarına koyun ve her gün onları kontrol edin. Kurumadıklarından emin olun! Bitkilerin büyümeye başladığını gördükten sonra, bardakların birine gübre ekleyin. Ne kadar gübre ekleyeceğinizi görmek için, gübre kabının üzerindeki kullanma talimatlarina uyduğunuzdan emin olun. Diğer bardağa gübre koymayın. 3-4 hafta sonra, bitkileri kumdan dışarı alıp bunları aşağıya çizin. Her biri nasıl farklı büyüdü?

Gübreli bitkiler:	Gübresiz Bitkiler:

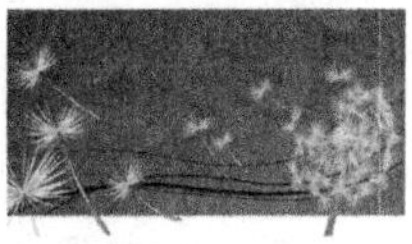

Daha fazla Etkinlikler!

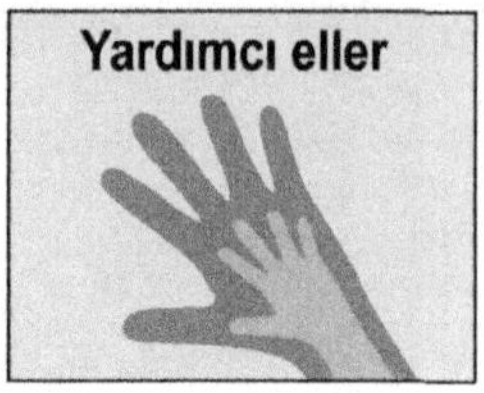

Bitkiler Nasıl Daha fazla Bitki Üretir!

Neye ihtiyacın var:

- Lima fasulyesi, ayçiçeği tohumu, kabak çekirdeği
- Su
- Küçük bardaklar
- Toprak

Lima fasulyelerini yaklaşık bir saat su içinde bekletin. Anne babanızın yardımıyla bir fasulyeyi alın ve onu iki parçaya ayırın. İçindeki bebek bitkiye bakın ve küçük yaprakları ve kökleri bulun. Yaklaşık 6-8 fasulyeyi veya diğer tohumları gece boyunca suda bekletin. Tohumları nemli topraklı bardaklara ekin ve pencere kenarına koyun. Şimdi bitkilerin her geçen gün büyümelerini izleyin! Ayrıca bir havucun tepesini kesip ve derin olmayan bir tabakta su içine koyabilirsiniz. Kurumadığından emin olun ve tohum olmadan havucun nasıl büyüdüğünü izleyin!

Hangi Yöne doğru Büyüme?

Neye ihtiyacın var:

- Lima fasulyesi veya diğer fasulye tohumları
- Tohum dikimi için küçük saksılar veya bardaklar
- Toprak
- Su

Yaklaşık 6-8 fasulye tohumunu gece boyu suda bekletin. 2 küçük saksı veya bardağı biraraya getirin ve nemlendirilmiş toprak ile doldurun. Her bardağa yüzeyin hemen altına 3-4 tohum koyun. Bardakları penecere kenarına koyun ve her gün onları kontrol edin. Kurumadıklarından emin olun! Bir defa bitkilerin boyları 13-15 cm büyüdüğünde, saksılardan birini dikkatlice yana çevirin. Şimdi bitkilere ne olacağını düşünüyorsunuz? Bir sonraki hafta boyunca ne olacağını izle. Yaklaşık 10 gün sonra, bitkileri saksıların dışına çıkar ve topraklarını yıka. Her bir bitkiye ne oldu? Bitkileri kağıt üzerine yerleştirin ve bir sonraki sayfada her bir bitkiyi çizin ve boyayın. Bitkilerin büyümesindeki farklılığa ne sebep oldu düşünüyorsunuz? Bardakların birini karanliğa ve birini ışığa yerleştirerek, bu denemeyi yeniden deneyin. Karanlıkta büyüyen bitkiler ne olacak sizce? Yaklaşık 10 gün sonra karanlıkta büyüyen bitkileri dışarı alın. Karanlıkta büyüyen bitkilerdeki fark neydi?

Bitkilerini buraya çiz ve boya.

Öğretmenler, Veliler ve Temsilciler:

Bu boyama/etkinlik kitabı
Amerikan Bitki Biyologlar Birliği'nin desteğiyle
Birliğin, tüm insanların bitkilerin günlük
hayatımızdakı önemi, alaka ve güzelliğini
görmelerine yardim etmek vizyonuna
hatta en küçük öğrencileri de dahil
etmek için oluşturuldu.
Bu kitap, ASPB Eğitim Vakfı tarafından
geliştirilen (arka kapağa bakınız)
Okul öncesi ve yeni okuyanların anlayabileceği
ve takdir edeceği,12 Bitki Biyoloji İlkesini
içerir. Bitki anatomisi, fizyolojisi, ekolojisi ve
evrim konularını eğlenceli bir yolla öğrenilmesi
amaçlanmıştır.
Bu kitabın kopyalarını istemek için ya da
bölgenizdeki bitki bilim adamlarıyla
bağlantıya geçme olanaklarını sormak için,
lütfen info@aspb.org ile
irtibata geçiniz.
Daha fazla ücretsiz ilköğretim ve sonrası
eğitim kaynakları için,
www.aspb.org/education sayfasını ziyaret edin.

Printed in Dunstable, United Kingdom

91220747R00025